Arun Kumar Sharma
Naresh Singh
Meenakshi Saxena

Síntese, Espectroscopia e Atividade Biocida do Complexo de Cu (II) de Sésamo

Arun Kumar Sharma
Naresh Singh
Meenakshi Saxena

Síntese, Espectroscopia e Atividade Biocida do Complexo de Cu (II) de Sésamo

ScienciaScripts

Imprint

Any brand names and product names mentioned in this book are subject to trademark, brand or patent protection and are trademarks or registered trademarks of their respective holders. The use of brand names, product names, common names, trade names, product descriptions etc. even without a particular marking in this work is in no way to be construed to mean that such names may be regarded as unrestricted in respect of trademark and brand protection legislation and could thus be used by anyone.

Cover image: www.ingimage.com

This book is a translation from the original published under ISBN 978-620-2-09609-6.

Publisher:
Sciencia Scripts
is a trademark of
Dodo Books Indian Ocean Ltd. and OmniScriptum S.R.L publishing group

120 High Road, East Finchley, London, N2 9ED, United Kingdom
Str. Armeneasca 28/1, office 1, Chisinau MD-2012, Republic of Moldova, Europe
Printed at: see last page
ISBN: 978-620-8-01354-7

ÍNDICE DE CONTEÚDOS:

PREFÁCIO

Os sistemas coloidais estão extremamente difundidos na natureza e são de grande importância prática na nossa vida quotidiana. Os tensioactivos são muito importantes na engenharia moderna e os sabões farmacêuticos e os complexos de sabões com diferentes ligandos são utilizados em quase todos os sectores da economia nacional devido à formação de micelas em soluções e à elevada atividade de superfície, ou seja, à capacidade das suas moléculas para formar camadas de adsorção na superfície.

Vários óleos comestíveis como a mostarda, a soja e o sésamo desempenham um papel vital na sua seleção em vários domínios como os pesticidas, as tintas e os herbicidas, etc. O sabão de cobre derivado de vários óleos comestíveis e os complexos destes ligandos, que são biodegradáveis por natureza, desempenham um papel muito importante na preservação da madeira e noutras actividades biológicas.

Os sabões de cobre têm uma tendência para a formação de complexos com os compostos que contêm átomos dadores como N, O e S, etc. É bem conhecido o facto de os benzotiazóis serem derivados de anilinas e desempenharem um papel significativo nas actividades biológicas e terem aplicações industriais e analíticas suficientes.

O presente trabalho foi iniciado com o objetivo de obter um perfil quanto à natureza e estrutura do complexo de cobre com ácidos gordos de cadeia longa em solventes não aquosos, que são de grande importância para explicar as suas caraterísticas em diferentes condições.

A investigação do sabão de cobre e do seu complexo de benzotiazol com ácidos gordos de cadeia longa ficou surpreendentemente para trás, pelo que apenas se encontram disponíveis referências escassas sobre estes campos relativamente inexplorados. Os estudos biológicos destes compostos fornecerão também informações importantes sobre as suas utilizações industriais.

O presente trabalho revela :

1. Introdução

2.   Síntese de sabão de cobre derivado do óleo de sésamo e do seu complexo benzotiazol para estudos comparativos.

3.   Foram efectuados estudos espectrais (IR e NMR) para compreender a visão estrutural do sabão e do complexo sintetizado.

4.   A fim de compreender os seus aspectos biológicos e a aplicação destes complexos tensioactivos como agentes antifúngicos, foi também efectuado um estudo que pode ser da maior utilidade no domínio da bioquímica.

INTRODUÇÃO

Os tensioactivos são materiais omnipresentes, que exibem uma gama fascinante de aplicações em processos químicos, indústrias na formação de produtos farmacêuticos e domésticos, em tecnologias de processamento de minerais e em indústrias de processamento de alimentos [12] . Os tensioactivos têm grupos hidrofóbicos e hidrofílicos numa molécula. Devido à sua dupla natureza, o grupo hidrofóbico não polar do monómero tensioativo é geralmente uma longa cadeia de hidrocarbonetos ou inclui um substituinte alquilo alongado denominado "cauda" da molécula. A parte hidrofílica polar do monómero tensioativo, designada por grupo cabeça, está ligada à mesma molécula e inclui frequentemente um anião ou um catião.

Vários sabões de metais de transição desempenham um papel significativo na sua seleção em vários domínios, como a proteção das culturas, actividades fungicidas, preservação da madeira, lubrificantes, etc. Devido à sua natureza superficialmente ativa, estes compostos possuem caraterísticas valiosas como emulsificação, humidificação, repelência à água, espalhamento, etc.[3 "6] . Todas estas propriedades levaram-nos a estudar o impacto estrutural e as actividades fungicidas do sabão de cobre derivado do óleo de sésamo e do seu complexo benzotiazol para as suas possíveis utilizações e aplicações na agricultura e nas indústrias[7] .

QUÍMICA DO COBRE

O cobre é um elemento metálico e está situado no grupo IB da tabela periódica. Por vezes, encontra-se no estado livre na natureza. É um metal avermelhado e muito dúctil. A configuração eletrónica do cobre é $1s^2$, $2s^2 2p^6$, $3s^2 3p^6 3d^{10}$, $4s^1$. Os seus isótopos naturais são[63] Cu (69,17%) e[65] Cu (30,9%) presentes na natureza[8] .

O cobre tem um único eletrão 4s- fora da concha 3d preenchida, mas não pode ser classificado no Grupo - I, uma vez que tem pouco em comum com os metais alcalinos, exceto as estequiometrias formais, no estado de oxidação +1, porque os dez electrões d- são bastante ineficazes para proteger os electrões s exteriores do campo de coulomb do núcleo. O primeiro potencial de ionização do cobre é mais elevado do que o do metal akali. Uma vez que os electrões da casca d estão também envolvidos na ligação metálica, o calor de sublimação e o ponto de fusão do cobre são também mais elevados do que os do metal akali. Estes factores são responsáveis pelo carácter mais nobre do cobre e o efeito é tornar os compostos mais covalentes e dar-lhes energias de rede mais elevadas.

A carga +2 é comum no cobre e é o ião divalente disponível mais eficaz para se ligar a moléculas orgânicas com configuração eletrónica d^9 , os compostos cúpricos são normalmente paramagnéticos com um único eletrão desemparelhado. A estereoquímica do Cu (II) é influenciada pelo efeito Jahn-Teller, que dá origem a arranjos quadrados de ligandos em torno do átomo de metal ou a arranjos octaédricos distorcidos, nos quais dois ligandos estão ligados por ligações um pouco mais longas acima e abaixo do plano dos outros quatro, com o átomo de cobre no seu centro. Praticamente todos os complexos de benzotiazóis e compostos de cobre (II) são azuis ou verdes. A cor azul ou verde deve-se à presença de uma banda de absorção na região de 600700 mμ do espetro.

O cobre tem uma grande diversidade de utilizações nas indústrias eléctrica, de refrigeração, pesada, na metalurgia do pó e nas comunicações. A maior parte do cobre produzido é utilizada no fabrico de várias ligas. Muitos compostos de cobre são utilizados como pesticidas, quer isoladamente (como óxido de Cu (I) e sulfato de Cu (II)), quer em misturas. O fungicida "Cuprozen", que contém 37,5% de cloreto de cobre (II), hidróxido e 15% de zinebe (bisditiocarbomato de zinco etileno), a calda bordalesa, um fungicida preparado pela reação do sulfato de cobre (II) com cal hidratada, e a calda borgonhesa, um fungicida semelhante à calda bordalesa, mas que contém carbonato de sódio em vez de cal[9] . Devido às suas vastas aplicações, as marcas próprias formuladas de óxido cuproso são largamente utilizadas como fungicidas e como corretivo de sementes.

Os compostos de cobre têm propriedades catalíticas em muitas reacções químicas e podem ativar a formação de dioxinas cloradas e dibenzofuranos durante o processo de incineração. Reed[10] analisou os métodos de preparação de sabões de cobre, descritos por vários autores [1112] .

APLICAÇÃO DO BENZOTIAZOL

O benzotiazol tem servido como base de uma variedade de fármacos de heterociclos, não só para investigação sintética mas também pela sua utilidade.

A história da química dos benzotiazóis baseia-se na procura de novos corantes pela indústria alemã de corantes. Os sabões de cobre têm tendência para formar complexos com os compostos que contêm dadores como N, O, Br e S, etc. [1316] . É sabido que o benzotiazol é um derivado da anilina que desempenha um papel significativo nas actividades biológicas e tem aplicações industriais e analíticas suficientes [1718] . Os benzotiazóis possuem átomos de azoto e enxofre, que são responsáveis pelas suas actividades farmacológicas.

Os benzotiazóis foram sintetizados e investigados relativamente a uma vasta gama de actividades farmacológicas [1920] e biológicas [2122] . Têm sido utilizados como tranquilizantes[23] , anti-helimínticos[24] , anti-inflamatórios[25] , neurolépticos[26] , anti-histamínicos[27] , sedativos[28] , antipsicóticos[29] , antivirais[30] , diuréticos[31] fungicidas [3233] , anestésicos[34] , bactericidas[35] , antimaláricos[36] etc., juntamente com as suas actividades.

Uma das especificidades estruturais consideradas responsáveis por um espetro tão vasto de atividade farmacológica nos benzotiazóis é uma dobra ao longo do eixo azoto-enxofre. A semelhança estrutural das suas aplicações farmacológicas e industriais estimulou o nosso interesse em alargar os estudos sintéticos e estruturais do complexo benzotiazol, na esperança de obter novos compostos para testes terapêuticos e melhores olhos medicinais [3744] .

O benzotiazol é útil como corante para algodão e materiais como borracha, plásticos e vernizes, etc. [4547] .

Recentemente, foram efectuados trabalhos sobre complexos polimetálicos e complexos de metais de transição de ligandos heterocíclicos, tendo também sido discutidas a sua estrutura e caraterísticas biológicas [4851] . Todas estas referências mostram que os sabões de cobre têm uma tendência para a formação de complexos com os compostos que contêm átomos como N, O, Cl, S e Br, etc. [5256] .

O complexo de cobre (II) sintetizado com benzotiazol e os seus derivados apresentam uma atividade antimicrobiana moderada contra bactérias gram (+ve) e fungos [5760] . Verificou-se que este complexo possui atividade fungicida, herbicida, anti-helmíntica, inseticida, pesticida, nematocida e potencial anti-helmíntica [15, 18, 19, 30 e 61]

GORDURAS E ÓLEOS: UMA VISÃO GERAL

Os óleos e as gorduras têm um valor inestimável para o regime alimentar humano. Não são apenas uma fonte concentrada de energia, mas também uma fonte de ácidos gordos essenciais, que, por sua vez, actuam como blocos de construção de gorduras e óleos. Os óleos vegetais comestíveis são uma fonte rica em ácidos gordos que têm diversas aplicações em vários domínios da indústria, como os têxteis, as tintas, os cosméticos, os alimentos e os produtos farmacêuticos, tanto na sua forma natural como sob a forma de derivados.

As gorduras e os óleos são de enorme importância em termos de nutrição e de valor calórico. São os mais importantes entre os alimentos. São também utilizados para cozinhar, fazer sabão, fabrico de velas, fabrico de glicerol, lubrificação e para fins medicinais. Os óleos são também utilizados na indústria de tintas e vernizes, na indústria do couro e na produção de detergentes sintéticos.

As gorduras ou óleos alimentares têm uma série de funções nutricionais. É uma importante fonte de energia, por exemplo, constitui 45-50% das calorias para o lactente amamentado. É também a fonte de ácidos gordos essenciais, nomeadamente os ácidos gordos n-6 e n-3

(também conhecidos por ómega - 6 e ómega - 3) das famílias dos ácidos gordos poli-insaturados.

As gorduras naturais são misturas de glicéridos mistos em que os três ácidos gordos que esterificam o glicerol diferem uns dos outros [62] . As análises disponíveis de gorduras naturais baseiam-se geralmente numa análise de ácidos gordos e não nos glicéridos mistos reais que ocorrem no produto natural. Para descrever com precisão a estrutura da molécula de ácido gordo, é necessário indicar o comprimento da cadeia de carbono, o número de ligações duplas e também a posição exacta das ligações duplas.

Os ácidos gordos mais simples são designados por ácidos gordos saturados. Não possuem ligações insaturadas e não podem ser alterados por hidrogenação ou halogenação. Quando estão presentes ligações duplas, os ácidos gordos são ditos insaturados, monoinsaturados (MUFA) se estiverem presentes apenas uma ligação dupla e poliinsaturados (PUFA) se tiverem duas ou mais ligações duplas, geralmente separadas por um único grupo metileno.

ÁCIDOS GORDOS NORMAIS DE OCORRÊNCIA NATURAL

Ácidos gordos saturados

Normalmente têm uma cadeia reta e um número par de átomos de carbono (4-30). Têm a fórmula geral $CH_3 (CH_2)_n COOH$.

Segue-se uma lista dos ácidos gordos saturados mais comuns:

Nome sistemático	Nome Trivial	Designação estenográfica	Peso molecular	Ponto de fusão (^{0} C)
Butanóico	Butírico	4:0	88.1	-7.9
Hexanóico	Caproico	6:0	116.1	-3.4
Octanóico	Caprílico	8:0	144.2	16.7
Decanóico	Capricórnio	10:0	172.3	31.6
Dodecanóico	Láurico	12:0	200.3	44.2
Tetradecanóico	Mirístico	14:0	228.4	53.9
Hexadecanóico	Palmítico	16:0	256.4	63.1
Octadecanóico	Esteárico	18:0	284.4	69.6
Eicosanóico	Araquídico	20:0	412.5	75.3
Docosanóico	Beénico	22:0	340.5	79.9

Tetracosanóico	Lignocérico	24:0	368.6	84.2

Os ácidos gordos com 4-12 átomos de carbono encontram-se principalmente nas gorduras lácteas, enquanto os membros mais elevados se encontram nos óleos de sementes.

Ácidos gordos insaturados - Ácidos gordos monoenóicos

Chevreul descobriu os ácidos gordos monoenóicos. Estes ácidos normais monoinsaturados estão presentes em todo o mundo vivo, onde se apresentam principalmente como isómeros cis. Têm a estrutura geral :

$$CH_3 (CH_2)_x CH=CH (CH_2)_y COOH$$

Podem ter uma única ligação dupla numa série de posições diferentes, mas as mais comuns são as da série n-9, como o ácido oleico do azeite[63] . Alguns ácidos monoenóicos importantes são apresentados de seguida:

Nome sistemático	Nome Trivial	Designação estenográfica	Peso molecular	Ponto de fusão (^{0} C)
Cis-9-hexadecenóico	Palmitoleico	16:1	254.4	0.5
Cis-9-octadecenóico	Oleico	18:1	282.4	16.2
Cis-11- eicosenóico	Gondoico	20:1	310.5	-
Cis-13- docosenóico	Erucic	22:1	338.6	33.4

ÁCIDOS GORDOS POLIENÓICOS

Os ácidos gordos polienóicos mais comuns são os seguintes

Nome sistemático	Nome trivial	Designação estenográfica	Mole cular Peso	Ponto de fusão (^{0} C)
9,12-octadecadienoico	Linoleico	18:2 (n-6)	280.4	-5

6-9-12-octadecatrienoic	γ-linolénico	18:3 (n-6)	282.4	16.2
9-12-15-octadecatrienoic	α -linolénico	18:3 (n-3)	278.4	-11
5,8,11,14-eicosatetraenóico	araquidónico	20:4 (n-6)	304.5	-50

O ácido linoleico (18:2) é o ácido gordo poliinsaturado mais comum encontrado nas plantas. Foi isolado pelo sacc[64],[65],[66] A noz, o amendoim, as sementes de girassol, de uva, de milho, de sésamo e de soja contêm grandes quantidades deste ácido gordo. O ácido linolénico (18:3) é o principal ácido gordo encontrado nas folhas, caules e raízes das plantas.

SOLUBILIZAÇÃO E SOLUBILIDADE

Gad[67] descobriu pela primeira vez o fenómeno da solubilização. Uma solução aquosa de sabão moderadamente concentrada é capaz de levar para uma solução termodinamicamente estável vários compostos orgânicos que, na ausência de sabões, apresentam apenas uma solubilidade muito pequena em água. Este fenómeno foi denominado "solubilização" por McBain e colaboradores[68].

Heller e Clevens[69] estudaram a solubilização de hidrocarbonetos pelo método da opacidade. McBain e Co-Coorkers compuseram o poder de dissolução de uma solução aquosa de sabão com o de outro detergente, a solubilização de cobre, cobalto, cádmio e ferro foi estudada por vários trabalhadores[71].

Dobry[72] determinou a solubilidade do estearato de cobre em água e benzeno a 25^0 C. A solubilidade dos sabões de cobre do ácido de cera de lã em solventes não aquosos foi estudada por Nobel, Scalane e Fisher[73]. Mathura e Nagasue[74] explicaram o comportamento químico do estearato e do oleato de cobre em dioxano e piridina.

SIGNIFICADO DO PRESENTE TRABALHO

O estudo da literatura mostra que os derivados do benzotiazol desempenham um papel vital nas actividades biológicas e têm suficiente aplicação farmacêutica, industrial e analítica. Os estudos actuais gerarão novas esperanças para analisar o papel dos tensioactivos organo-cobre na melhoria do desempenho das várias actividades biológicas e agentes anticancerígenos, inibidores de úlceras, tranquilizantes, anti-asmáticos, anti-inflamatórios, antibacterianos, etc., como demonstrado pelos benzotiazóis e seus derivados.

No presente trabalho, o óleo de sésamo foi escolhido para a investigação. Além disso, os lubrificantes à base de óleo vegetal estão a substituir lentamente os óleos minerais devido à sua extraordinária biodegradabilidade e a muitas outras propriedades específicas. Estes factos levaram-nos a sintetizar sabão de cobre derivado de óleo comestível (óleo de sésamo) e a complexá-lo com ligandos contendo azoto e enxofre, isto é, benzotiazol.

Os sistemas coloidais que serão analisados em fase sólida e em solução fornecerão informações valiosas para avaliar o seu impacto estrutural e toxicidade comparativa contra vários fungos *Aspergillus niger* e *Aspergillus fumigatus*.

Uma vez que o sabão de cobre de sésamo e o seu complexo benotiazol são tóxicos na natureza e podem ser utilizados como fungicidas, o estudo biológico ou antifúngico que será analisado pode fornecer informações valiosas em vários domínios relacionados com a bioquímica, a farmacologia e outras indústrias químicas relacionadas com pesticidas e proteção das culturas, etc. O sabão de cobre de sésamo sintetizado e o seu complexo de benzotiazol são biodegradáveis na natureza e, por conseguinte, amigos do ambiente.

REFERÊNCIAS

1. Jurij J., Hostynekh e : *Maibach Taylor & Fromics* **5**, Owards L.   16, (2006).

2. Czeslaw K., e Kajdas : *Elscier Ltd. Rolavel*, **3**, 38, (2006).

3. Ratomahenina A., Galzy J. : *Rive. Ital. Sostanze Grasse (Eng.)* e Pina m. **60**, (11), 673 (1985).

4.   Singh, Verma S.B., Jordânia: *Ger. Offen D.E.*, **3**, 703, 258 J. e Sossna R. (CI.4 Feb.) (1987) C.A. 110, 10919z, Jan (1989).

5.   Rafalski L. e Zawadzki J. : *Pol. P L* **144**, 961, 2 Ago (1985) C.A. 112, 1211535 Mar-Abr (1990).

6.   Cultura. K. : *Kokai Tokkyo Koha Jp*, **59**, 193, 129 18 Abr. (1983) C.A. 102, 168691z, (1985).

7.   Pubmed Result : *Detetar o transporte de pesticidas tóxicos a partir de g.* (Environtoxicol Chem. 2008).

8.   Fuchs, Erin e Sohm Pam : *Study finds high levels of stain resistance ingredient in conasauga river* (10 de fevereiro de 2008).

9.   Filow V.A., Bandman A.L. : *"Harmful Chemical Substances"* e Ivan B. A. **1**, 66. Eills Horwood Lmtd, Eng. (1988).

10. Reed P.D. : *J. Am. perfumer Aromat*, **76**(3), 49-50 (1961).

11. Koeing A.E. : *J. Am. Chem. Soc.*, **36**, 951, (1914).

12. LevyJ. : *Fatty - Acids, Their Ind. Appl.* 200-20 (1968).

13. KumarN. e Kachroo : *J. Indian. Chem. Soc. VII*, **98**, 1, Kant P.L. (1980).

14. Mukherjee G.N. e Das A: *J. Indian. Chem. Soc.*, **78**, 78 (2001).

15. Singh N., Sangwan N.K. : *Pest Manag. Sci.*, **56**, 284, (2000). e Dhindsu K.S.

16. Mehrotra KN, Mehta V.P. : *Cellulose Chem. Technol.* **1**,38, e Nagar TN. (1973).

17. Berti F., Baffanchio L., : *Eus. Respir J.*, **2**(9),868,(1989). Mangni F., Omini C., Rossoni G. e Subissi A.

18. Ojha K.G., Jaisinghani : *J. Indian Chem. Soc.*, **79**, 191, Neera e Tahiliani Heer (2002).

19. Gupta A., Sharma R. e : *J. Indian Chem. Soc.*, <u>74,</u> 635, PrakashL. (1994).

20. Molnar, Joseph, Mandi, : *J. (Inst. Microbio, Albert Szent.* Yvetle, Regely, Katalin, *Gyorgyi Med. Univ. H-6720-Tarnoky*, Kalara , *Szeged, Hung)* In Vivo, **2**, 205-9 Nakamuna e Mitsuru   (Eng) (1992).

21. Gupta R.R. : *"Phenothiazines and 1, 4- Benzothiazines Chemical and Bio Medical Aspects"*, *Elsevier*, Amsterdam (1988).

22. Valli G., Sivakolunthu S., : *J. Indian Chem. Soc.*, <u>77, </u>252 Muthusubramanian S. e (2000). Sivasubramanian S.

23. Kulkarni K. G. e : *Gen. Pharmocol*, **17**(6), 671, FingermanM.   (1986).

24. Vishwavidyalaya, Gour: *Indian drugs*, **28**, 474-6 (1991), Har Singh e Chaurasia *Chem. Abst.* <u>**116,**</u> 15347f, (1992). Sunita Shrivastava Savitri

25. Sawheny S.S., Phindsa : *J. Indian Chem. Soc.*, **65**(9), 643, G.S. e Vir. D. (1988).

26. Burch E.A. e Ayd. F.J. : *J. Clin. Psychiatry.***44**, 242 (1983), Chem. Abst., **99**, 133118, (1983).

27. Koland F.P. : *IRCS Med. Sci. Libr. Compound* **9**(6), 546, (1981), Chem. Abst._**95**, 9085, (1981).

28. MarviniT. : *Mech. AgeingDev.,* **36**(3), 295, (1986).

29. Shukla I.C. : *J. Inst. Chem. (Índia),* **62**(4), 159-60.

30. RaknewN. : *Farmatsi, (Sofia),* **37**(3), 10, (1987).

31. Vorontsov Y.V., Lerner : *Farmacol Toksikol,* **43**(1), 81 I.M. e Shchelkunov E.L. (1980).

32. Schacht E., Yandorpe J. : *Biotechnologyand Bioengineering* Dejardin S., Lemmouchi y. <u>**52**</u>, 102, (1996). e Seymour L.

33. Schacht E., Dejardin S. e: *Bioactive and Compatible* Lemmouchi Y.

Polymers, <u>**13**</u>, 4, (1998).

34. Morgan R.J., Eaddy L.B, : *Lab. Anim.,* **15**,281,(1981), Solie T.N. e Turbes C.C. *Chem. Abst.* **95**, 214987, (1981).

35. Dave A.M., Bhatt K.N., : *J. Indian Chem. Soc.*, **65**(5), 365 Vndania N.K. e Trivedi (1988). P.B.

36. Pinto A.C., Dasilva R.S. : *J. Heterocycl. Chem.,* **16**(5), e Hollins R. A. 1085, (1979).

37. Thirumalaikumar M., : *Indian J. Chem.* **58**(A), 720 Sivakolunthu S., Punuswamy (1999) A e Sivasubramanian S.

38. Sastry C., Reddy V., Ram : *Indian J. Chem.,* **28**(B), 52, B., Jogibhukta M., Krishnan (1989). V.S.H. Singh A.N. Reddy J.G., Chaturvedi S.C., Rao S.P. e Shridher D.R.

39. Jogibhukta M., Krishnan : *Indian IN* <u>**158,**</u> 841, (1987), V.S.H. Singh A.N., Rao *Chem. Abst.* <u>**107,**</u> K.S., Shridher D.R., Rastogi K. e Jain M.L.

40. Gupta R.R., KumarR. e : *J. Fluor. Chem.*, **28**(4), 381, Gautam R. K. (1985), Chem. Abst. 105, 6467r, (1986).

41. MitsuakiTakenakae : *Kokai Tokkyo Koho Jp.,* **02**, 101, Masanori Watanable 068 pp. 7 (1988), Chem. Abst, 113,73019,(1990).

42. Ishige S., Usni H. e : *Ger Offen.* **2**, 704, 724, (1977), Sacki K.   Chem. Abst. 87, 144134, (1997).

43. Fengler G., Arlt D., Grohe : *Ger Offen.* **3**, 229, 125, (1984), K., Zeiler H. J. e Metzer *Chem. Abst.* <u>**101,**</u> 7176, (1984). K.

44. Filacchioni G., Nacci V. : *Farmaco, Ed. Sci.*, **31**(7), 478, e Metzger K. (1976). Chem. Abst. 85, 143048, (1976).

45. Seitz K. : *Eur. Pat.* <u>**260**</u>, 277, Chem. Abst. 109, 56575, (1989).

46. Harns W., Wolfgang H. : *Eur. Pat. Appl. EP* **299**, 328, e Herd K. (Bayer A-G) (1989), Chem. Abst. 8891, (1989).

47. Jaeger H. : *Ger Offen.* **DE3,** 410, 236, (1985), Chem. Abst. 104, 131449, (1986).

48. Mahapatra B.B. e Ray : *J. Indian Chem. Soc.,* **79**, 536, Puspa (2002).

49. Patel R.N., Kumar Subodh : *Indian J. Chem.,* **39**, 1124, (2001). e Pandeya K.B.

50. Kriza A., Reiss A., : *J. Indian Chem. Soc.,* **77,** 488, Blejoice S., Brujan L. (2000). 76, 406, (1999). e Stanica N.

51. Mahapatara B.B. e : *J. Indian Chem. Soc.,* **78,** 395 Mishra R.R.   (2001).

52. Patel R.N., Patel A.P. e : *J. Indian Chem. Soc.,* **76,** 362 PandeyaK. B. (1999).

53. Mane P.S., Shirodhar S. G. : *J. Indian Chem. Soc.* **79**, 376, e Chondhekar T.K.(2002).

54. Mishra V. : *J. Indian Chem. Soc.,* **79,** 374, (2002).

55. Bhave N.S., Bahad P.J., : *J. Indian Chem. Soc.,* **79,** 342, Sorrparote P. M. e (2002). Anwar A.S.

56. Kaur M.P., Kanungo B.K. : *J. Indian Chem. Soc.,* **79,** 46, e Sandhu J.S. (2002).

57. Chandra Sulekh e : *J. Indian Chem. Soc.,* **79,** 495 Sharma Sunil Dutta (2002).

58. Hussain Reddy K. e : *J. Indian Chem. Soc.,* **79,** 219 Radhakrishna Reddy M. (2002).

59. Kumar Devendra e : *J. Indian Chem. Soc.,* **79,** 284 Sharma R.C. (2002).

60. Singh Bihari, Singh G.P., : *J. Indian Chem. Soc.,* **79,** 278, Kumar Madan Jeet, Kumar (2002). Brajesh e Kumari Priya

61. PalS., DasD., : *Lu T-H, Polyhedron* **19**,1263, Chattopadhyay P., (2000). Sinha C. e Panneerselvam K.

62. Gunstone F. D. : *"An introduction to the chemistry of fats and fatty acids"* (Chaamann and Hall Ltd London), (1958)

63. PlayfairL. :*Ann,* **37**, 152, (1841)

64. FrenyE. : *Ann,* **36**,44,(1840)

65. Noelckor A. :*Ann,* **64**, 342, (1848)

66. Noller C. R. : *J. Am. Chem. Soc.,* **56**, 1563, (1934)

67. Gad : *Arch. Anat. Physiol.,* **181,** (1978).

68. Eu. Bain J. W. e Green : *J. Am. Chem. Soc.,* **68,** 1731-36, A.A.   (1946).

69. HellerW. e Clevens : *J. Chem. Phys.,* **14**, 567, (1946). H.B.

70. Sehulman J.H. e Riley : *J. ColloidSci.,* **3**, 383-405, D.P.   (1948).

71. Eu. Bain J.W. e Morrill : *Ind. Eng. Chem.,* **34**, 915, (1942). R.C. Jr.

72. Dobry A. : *J. Phys. Chem.,* **58**, 576 (1954).

73. Noble R.W., Sealan T.J. : *J. Am. Oil Chem. Soc.,* **35**,31-2 e Eisher A. (1962).

74. Matuura R. e Nagasue : *Mem. Fac. Sci. Kyusha Univ. Ser. K.*   *c3,* 49-54, (1958).

MATERIAIS E MÉTODOS

INTRODUÇÃO

O interesse pela química de coordenação está a aumentar continuamente com a preparação de ligandos orgânicos contendo uma variedade de grupos dadores[1-4] e é multiplicado muitas vezes quando o ligando tem importância biológica. A coerência das actividades biológicas do sabão de cobre e do composto benzotiazol estimulou o nosso interesse em alargar os estudos à sua forma cumulativa como complexo. Prevê-se que este venha a gerar novas esperanças no domínio agroquímico, industrial e farmacológico[5-7].

Os vários materiais e métodos utilizados para o sabão de sésamo de cobre e o seu complexo de benzotiazol são os seguintes :

MATERIAIS

ÓLEO DE SÉSAMO

O óleo de sésamo foi preparado diretamente a partir da semente de sésamo. É uma cadeia mista de ácidos gordos saturados e insaturados. A composição do ácido gordo utilizado para o sabão de sésamo de cobre é dada no (Capítulo I, Tabela - I). O comprimento da cadeia de hidrocarbonetos e o número de ligações duplas na porção de ácido carboxílico do óleo determinam as propriedades do sabão resultante. É utilizado na preparação de sabão de sésamo de cobre[8].

SULFATO DE COBRE

O sulfato de cobre é de qualidade LR. A forma anidra é um pó verde-pálido ou branco-acinzentado, enquanto o penta-hidrato, o sal mais comum, é azul brilhante. A forma anidra ocorre como um mineral de taxa conhecido como calcocianite. O sulfato de cobre foi utilizado para preparar sabão de cobre a partir de óleo de sésamo. É também utilizado na síntese do complexo benzotiazol. O sulfato de cobre é também utilizado como fungicida, preparado pela reação do sulfato de cobre com cal hidratada. A calda bordalesa é utilizada para o controlo de fungos em uvas, melões e outras bagas[9-10].

ETANOL

O etanol foi refluxado sobre óxido de cálcio recentemente incinerado durante várias horas e depois destilado. O destilado foi novamente destilado sobre etoxidos de sódio e de magnésio, respetivamente[11] . (P. B. $-78,4^0$ C)

BENZENO

O benzeno (B.D.H.) foi desidratado por armazenamento sobre fio de sódio durante 2-3 dias e refluxo durante cerca de vinte horas. Em seguida, foi destilado e a redestilação foi efectuada azeotropicamente com etanol[12] . (B. P. $-8O°$ C)

BENZOTHIAZOL

Os benzotiazóis são derivados das anilinas e desempenham um papel significativo nas actividades biológicas, tendo suficientes aplicações industriais e analíticas[13-14] . É utilizado como ligando para a complexação de sabão de sésamo de cobre. O ligando 2-amino- 6-metil benzotiazole foi sintetizado utilizando o método de tiocianação[15] .

IODETO DE POTÁSSIO

É de grau LR. O iodeto de potássio é utilizado na estimativa do metal de cobre no sabão de sésamo de cobre e no seu complexo de benzotiazol.

SULFATO DE TIO SÓDICO (Na S O_{223}). 5H O_2

O tio-sulfato de sódio de grau LR é facilmente obtido num estado de pureza elevado, mas existe alguma incerteza quanto ao teor exato de água devido à natureza eflorescente do sal e a outras estações. Por conseguinte, esta substância não é adequada como padrão primário. É um agente redutor em virtude da reação de meia célula[11] .

Devido à natureza quantitativa desta reação, bem como ao facto de o Na S O_{223} .5H$_2$ O ter um excelente tempo de conservação, é utilizado como titulante em iodometria[16] .

ESTRELA

O amido é utilizado como indicador na estimativa do cobre.

ÁGUA BIDESTILADA

A água duplamente destilada foi preparada por redestilação da água destilada sobre permangato de potássio alcalino e foi repetida num frasco com rolha.

O resto do reagente foi purificado por destilação ou recristalização [11,12] .

MÉTODO

SÍNTESE DE SABÃO DE COBRE (H) DE SÉSAMO

Todos os produtos químicos utilizados eram de grau LR/AR. O sabão de cobre foi preparado por metatese direta. O sabão de cobre de sésamo foi preparado por refluxo do óleo de sésamo com uma solução de KOH 2N, uma solução de sulfato de cobre e álcool durante cerca de três horas. O excesso de KOH foi neutralizado com HCl IN. Em seguida, adicionou-se uma solução saturada de sulfato de cobre para converter o sabão neutralizado em sabão de cobre. O sabão de cobre e sésamo obtido foi filtrado, lavado com água morna seguida de álcool, seco a 5Oº C e recristalizado com benzeno quente. O peso molecular médio do sabão de cobre foi determinado a partir do valor de saponificação. A formação do sabão de cobre de sésamo foi confirmada utilizando os espectros de IR e NMR[17] . Os seus parâmetros físicos S.V., S.E. e peso molecular são apresentados na (Tabela - II).

$$R - COOH \xrightarrow[C_2H_5OH]{KOH} R\,COOK \xrightarrow[\text{Copper Sulphate}]{Cu^{+2}} (RCOO)_2\,Cu$$

Fatty Acid   Ester   Copper Soap

Onde, R é o ácido gordo de cadeia mista do óleo (Quadro -I).

SÍNTESE DO LIGANDO (BENZOTIAZOL)

O ligando foi sintetizado utilizando o método de tiocianação[15] . Este método é amplamente utilizado para a preparação de 2-amino-6-metilbenzotiazóis. Os 2-amino benzotiazóis são preparados por tiocianação de arilaminas para-substituídas, na presença de gás tiocianogénio, que é gerado pela reação de cloreto cúprico e tiocianato de sódio ou bromo e tiocianato de potássio[18-19] . A facilidade de formação do derivado de tiazol varia com os substituintes no produto primário.

A síntese de benzotiazol não é possível a partir de arilamina com posição para livre, porque a tiocianação ocorre nas posições orto e para do grupo amino. O 2-amino-6-metilbenzotiazol foi preparado utilizando o método acima mencionado a partir de para-metilanilina. Os pontos de fusão do benzotiazol sintetizado eram incorrectos. A pureza do benzotiazol foi verificada por cromatografia em camada fina em vários sistemas de solventes não aquosos.

SÍNTESE DE COMPLEXOS

A uma solução de 0,01 mole do ligando (2-amino-6-metilbenzotiazol) em 25-30 ml de etanol, adicionou-se 0,01 mole de sabão de cobre em 25 ml de etanol, com agitação constante. A mistura reacional foi agitada e aquecida durante mais uma hora e meia e deixada em repouso durante a noite. O complexo sólido separado foi filtrado e lavado sucessivamente com 5 ml de etanol seco e, em seguida, com éter e, finalmente, seco no vácuo sobre cloreto de cálcio fundido[20] . A TLC utilizando gel de sílica foi utilizada para verificar a pureza do complexo[21] . O complexo é solúvel em benzeno e noutros solventes orgânicos e insolúvel em água. Os seus parâmetros físicos são apresentados na (Tabela -III).

Com base na sua análise elementar, o complexo apresentou a seguinte composição Cu_2 (RCOO) L_{42} , em que R representa a composição de ácidos gordos dada na (Tabela-I),

A estrutura do complexo de benzotiazol de cobre de sésamo é dada na (Fig. -1), sugerindo ainda uma stiochiometria 1:1 do metal ligante do complexo. O sabão de cobre de sésamo e o seu complexo de benzotiazol são abreviados como se segue:

Sabão de sésamo de cobre derivado de óleo de sésamo de cobre (CSe).

Já o complexo de sabão de cobre com benzotiazol é abreviado como (CSeB).

DETERMINAÇÃO DO ÍNDICE DE SAPONIFICAÇÃO DO ÓLEO DE SÉSAMO

O índice de saponificação é o número de mg de hidróxido de potássio necessário para saponificar 1 mg de óleo.

A amostra de óleo é saponificada por refluxo com um excesso conhecido de solução alcoólica de hidróxido de potássio.

O álcali necessário para a saponificação é determinado por titulação do excesso de hidróxido de potássio com ácido clorídrico padrão.

PROCEDIMENTO

Introduzir 2 g de amostra de óleo num erlenmeyer de 250 ml. Em seguida, introduzem-se 50 ml de KOH alcoólico 0,5 N no balão e um volume igual num balão semelhante que não contenha amostra (titulação em branco). A solução no balão foi adicionada com agitação constante e o tempo de agitação deve ser o mesmo para cada operação. A solução foi colocada em refluxo e fervida durante pelo menos meia hora ou mais para saponificar completamente a amostra. Terminado o período de refluxo, a carga e o branco foram arrefecidos e titulados com 0,5NHCl. Utilizou-se a fenolftaleína como indicador.

Para o óleo de sésamo

Leitura da bureta com o branco = 22 ml

Leitura da bureta com amostra = 8,5 ml

Cálculo

$$\text{Saponification value} = \frac{B - S \times 28.5}{W}$$

Onde :

B = Volume em ml de HCl padrão necessário para o branco S = Volume em ml de HCl padrão necessário para a amostra W = Peso em gm do óleo = 2 gm.

$$= \frac{(22\text{-}8.5) \times 28.5}{2}$$

$$= 191.70.$$

RESULTADO

O valor de saponificação do óleo de sésamo é 191,70.

DETERMINAÇÃO DO PESO MOLECULAR DO SABÃO DE COBRE E SÉSAMO

Os pesos moleculares do sabão de sésamo de cobre são determinados a partir do equivalente de saponificação[13] . O equivalente de saponificação ou valor de saponificação é uma medida do comprimento médio da cadeia dos ácidos gordos que compõem uma gordura. O equivalente de saponificação (E.S.) é a quantidade de hidróxido de potássio, enquanto o valor de saponificação (V.S.) é o número de miligramas de KOH necessários para saponificar um grama de óleo de sésamo, estando os dois relacionados pela expressão:

S.E = 56100/S.V

Assim, o S.E. pode ser considerado como o peso molecular médio do óleo. O valor de S.E. é determinado por experiência e, a partir deste valor, é calculado o peso molecular médio do sabão de sésamo de cobre. De acordo com a sua fórmula molecular $(RCOO)_2$ Cu, onde S.E. é considerado o peso molecular médio do ácido gordo R-COOH que se está a converter em sabão. O valor S.V. e o peso molecular do sabão estão registados na (Tabela-II).

A estimativa do metal cobre no sabão de sésamo com cobre (II) e no seu complexo de benzotiazol foi efectuada iodometricamente.

REFERÊNCIAS

1. Swamy, S.J. e : *Indian J. Chem.*, **40(A)**, 1093 Raddy, S.R. (2001)

2. Sigal S.H. e Martin, : *Chem.*, **Rev. 82**, 235 (1983) R.B.

3. Sherwani, M.R.K., : *Indian J. Chem.*, **42(A)**, Sharma, R., Gangwal, 2527 (2003) A. e Bhutra, R.

4. Mehta, V.P. e :*Tebside Surf. Det.*, **40(2)**, Sharma, R. 99 (2003)

5. maio, P.M. e :*Prog. Med. Chem.*, **20**, Bulman, R.A. 226 (1983)

6. Prata, S. :*Membrane and Transport Vol. 2, editado por Martibisum, A.N.,* **115**, 7 (1982)

7. Ojha, K.G, Jaisinghani : *J. Indian Chem. Soc.*, **79**, N. e Tahiliani, H.   191 (2002)

8. Miller Cavitch, S. : The Natural soap book, *Making herbal and vegetable-based soaps*, (1995)

9. Holleman, A. F. e : *Inorganic Chemistry, San Diego* Wiberg. E.   (2001).

10. Hoffman e R.V. : *Copper (II) Sulfate, em Encyclopedia of Reagents for Synthesis* (2001).

11. Jeffery, G.H., Bassett, J. : *Vogle's Text book of Quantitative* Mendham and Demey R.C. *hemical Analysis* 5th ed. Lengman, Londan (1996). Lengman, Londan (1996).

12. Riddick J.R. e Bunger : *"Organic Solvent : Physical* W.B. *Properties and Methods of Purification"* Wiley-Inter-Science New York, (1970).

13. Berti F., Baffanchio L., : *Eus. Respir J.,* 2(9), 868, (1989). Omini C., Rossoni G. e Subissi A.

14. Ojha K.G., Jaisinghani : *J. Indian Chem. Soc.,* **79,** 191, Neera e Tahiliani Heer (2002).

15. Gupta R.R., Jain S.K. : *Synth. Commun.* 6(6),457, e Ojha K.G.   (1979).

16. Matuura, R. : *Nippon Kagaku Kaishi,* **82**, 1624 (1961)

17. Aylmore, M.G., e : *"Thiosulfate Leaching of Gold a* Muir, D.M. *Review",* Mineral Engineering, 14, 135-174, (2001).

18. Ojha K.G. : *Tese de doutoramento,* Universidade de Rajasthan, Índia, (1980).

19. Jain S.F., Chandra D. : *Chem. and Industry,* 989, e Mittal R.L.   (1969).

20. Chandra Sulekh e, : *J. Indian Chem., Soc.,* **79,** 495 Sharma Suni Dutta (2002).

21. Bassett J. Denny R.C., : *"Vogels Text Book of* Jeffory G.H. and *Quantitative inorganic* (1985). Mendham J.

FIG. I

ESTRUTURA DO COBRE SÉSAMO

COMPLEXO DE BENZOTIAZÓIS

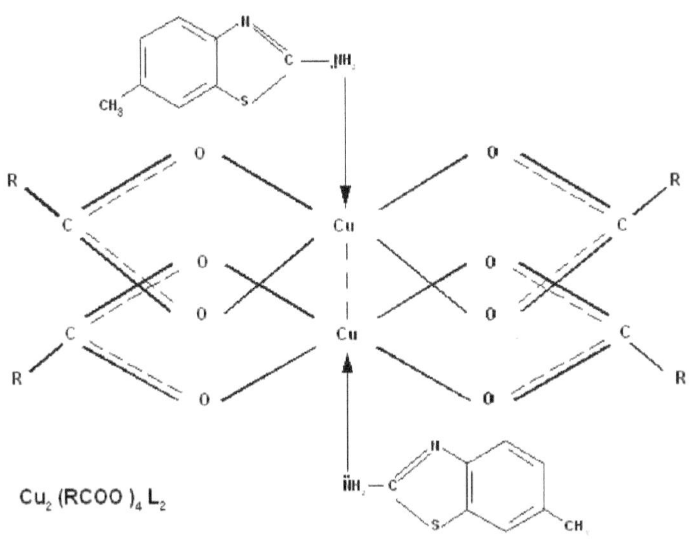

CH₃
N
C
NH₂
S
Cu
Cu
R
C
O
O
C
R
O
O
O
O
R
C
C
R
O
O
Cu₂ (RCOO)₄ L₂
NH₂
C
N
S
CH

ANÁLISE ESPECTRAL

ESPECTRO IR

INTRODUÇÃO

A espetroscopia de infravermelhos é a técnica mais utilizada para a identificação de compostos orgânicos, uma vez que os espectros são geralmente complexos e fornecem numerosos máximos e mínimos que podem ser utilizados para efeitos de comparação. De facto, o espetro de absorção no infravermelho de um composto orgânico representa uma das suas propriedades físicas verdadeiramente únicas. Com exceção dos isómeros ópticos, não existem dois compostos com curvas de absorção idênticas.

As radiações infravermelhas que cobrem a gama de comprimentos de onda de 0,8 a 2,5 μ constituem a região do infravermelho próximo e a de 15 a 25 μ é designada por região do infravermelho distante. A região mais útil para a espetroscopia de infravermelhos é a de 2,5 μ a 15 μ (4000-667 cm^{-1}). Estas radiações têm comprimentos de onda mais elevados e são, por isso, menos energéticas. A absorção da radiação por um composto orgânico nesta região provoca vibrações moleculares. As alterações nos níveis de vibração são acompanhadas por alterações nos níveis de rotação.

Assim, aparecem certas bandas que absorvem carateristicamente as vibrações de estiramento e são muito úteis na elucidação da estrutura[1,3] . Alguns dos factores que deslocam a banda de absorção de um determinado grupo da sua frequência caraterística são o efeito indutivo, a conjugação, a ligação de hidrogénio, etc. É uma técnica muito fiável para revelar a identidade de um composto.

EXPERIMENTAL

Para estudar a estrutura do complexo (CSeB), os espectros de absorção no infravermelho (IV) do composto foram obtidos num "Espectrómetro de Infravermelhos com Transformada de Fourier" do RSIC (Centro Regional de Instrumentação Sofisticada), IIT (Instituto Indiano de Tecnologia), Powai, Mumbai.

RESULTADOS E DISCUSSÃO

Os espectros de infravermelhos do complexo de cobre-sésamo benzotiazol foram registados no FTIR (Espectrómetro de Infravermelhos com Transformada de Fourier). Algumas bandas de absorção caraterísticas importantes com intensidades relativas e atribuições são apresentadas na (Tabela - I, Fig. - I).

As bandas de absorção observadas a 2930cm^{-1} e 2859cm^{-1} correspondem ao estiramento assimétrico e simétrico do grupo metileno (-CH$_2$). A banda de absorção forte a 1586 cm^{-1} e outra banda mais fraca a 1423 cm^{-1} são devidas ao ião carboxilato COO$^-$, ao estiramento anti-simétrico e simétrico de C-O, respetivamente[4] . Foram observados pequenos picos correspondentes aos balanços -CH$_3$ e -CH$_2$ a 1179 cm^{-1} . A banda na região de 750-450 cm^{-1} nos espectros de infravermelhos é devida à vibração de estiramento da banda cobre-metal-oxigénio, a que se chama absorção caraterística do metal constituinte da molécula de sabão[5] . As mãos de estiramento cobre - oxigénio (Cu - O) foram distinguidas a 731 cm^{-1} [6] .

A banda de absorção de 1749 cm^{-1} foi considerada representativa do grupo amida > C=O. Uma banda larga de 1617 foi correspondente à flexão N-H das amidas[7-9] .

A presença de bandas na região de 822 cm^{-1} deve-se à deformação C-H (no plano) presente no anel de benzeno tri-substituído do segmento de benzotiazol. (O pico de estiramento C-N do terciário de arilo é observado a 1321 cm^{-11} o''^{11} . Os espectros também mostram um pico claro a 1097 cm^{-1} , que se deve às vibrações Ar-C-CH$_3$. Também foi observado um pequeno pico de banda em 980 cm^{-1} correspondente ao estiramento CS[12] .

Assim, com base nas observações anteriores, pode assumir-se com segurança que a complexação do sabão de cobre teve lugar com o ligando benzotiazol.

ESPECTROSCOPIA DE RMN

O estudo da absorção da radiação de radiofrequência pelos núcleos é designado por ressonância magnética nuclear e revelou-se um dos instrumentos mais poderosos para a determinação da estrutura de espécies orgânicas e inorgânicas. Na presença de um forte campo magnético, as energias dos núcleos de certos elementos dividem-se em dois ou mais níveis quantizados, em consequência das propriedades magnéticas destas partículas.

As diferenças de energia entre os níveis quânticos magnéticos dos núcleos atómicos são de tal ordem que correspondem a radiações na gama de frequências de 0,1 a 100 MHz[1] (comprimentos de onda entre 3000 e 3 m), que se situam na parte de radiofrequência do espetro eletromagnético. Para os electrões, as diferenças de energia são muito maiores do que para os núcleos. As energias electromagnéticas correspondentes situam-se na gama de frequências de 10.000 a 80.000 MHz (comprimentos de onda entre 3 e 0,375 cm), que se situa na região espetral das micro-ondas. A ressonância magnética nuclear induz alterações nas propriedades magnéticas de certos núcleos atómicos, nomeadamente a dos átomos de hidrogénio em diferentes ambientes, que podem ser detectadas, contadas e analisadas para a determinação da estrutura[13,14] .

EXPERIMENTAL

Para estudar a estrutura do complexo sabão de sésamo de cobre - benzotiazol, os espectros de ressonância magnética nuclear do composto foram obtidos num "Espectrómetro de Ressonância Magnética Nuclear" do RSIC (Regional Sohisticated Instrumentation Centre), IIT (Indian Institute of Technology), Powai, Mumbai, utilizando como referência clorofórmio desnaturado ($CDCl_3$).

RESULTADOS E DISCUSSÃO

Uma leitura dos espectros do complexo de benzotiazol dos sabões de cobre mostra o sinal do protão alifático - CH_3 ligado ao grupo CH_2 -R a quase δ-0,879. - O protão CH_2 ligado ao grupo CH_2 - R apresenta um sinal a δ-1,28 - O protão CH_2 ligado ao grupo - C- OCl = OSR apresenta um sinal a δ-1,608[15-16] . Outros sinais observados correspondem a - CH_2 ligado a um -C = Cat δ-2,017, enquanto - CH_2 ligado a dois - C = C - é observado a δ-2,708 & 2,772 e Ô-2,955, a protona vinílica dá sinal a δ-5,287, δ-5343. Todos os picos acima (Tabela -III) são devidos ao teor de ácidos gordos de cadeia longa (R-) da molécula de sabão $[(R- COO)_2 Cu]^{12}$. O pico alargado é observado a δ-4,142, δ- 4,285 e Ô-4,315, correspondendo ao protão - NH_2 . Este pico indica a coordenação através do grupo - NH_2 do segmento benzotiazol com o átomo metálico do segmento sabão (Fig. II).

No complexo cobre (II) sabão - benzotiazol, o protão presente no átomo de azoto pode sofrer uma troca rápida, intermédia ou lenta. O alargamento do pico observado sugere uma troca lenta porque o momento elétrico de quadripolaridade do núcleo de azoto induz uma relaxação de spin moderadamente eficiente[17] . Observa-se um sinal muito fraco em δ-7,844 nos espectros, que pode ser devido ao tautomerismo presente na molécula do complexo, semelhante ao do pirrol e do indol.

Assim, com base nos estudos de espetroscopia de infravermelhos e de RMN, o complexo tem a estrutura indicada no Capítulo II (Fig. - I).

REFERÊNCIAS

1.   Douglas, A. Skoog. e: *Principles OfInstrumental* Donald, M.   West *Analysis,* 131, (1971)

2.   Richards, W.G. e : *Structure and spectra of* Scott, P.R. *Atoms*, Wiley Easten Limited (1978).

3.   GotaheTakenaka : *Ball. Int. Chem. Raj. Kyota Univ.* **39**, 2002 (1961).

4.   Chandrasekhar, V. e : *J. Inorg. Nucl. Chem.*, **41**, Agrwal, R.C.   1057 (1979).

5.   Dutta, R.L. e : *Elements of magnetochemistry,* Syumat, A. *2nd ed. Sci. India Sect. A 65,* 247(1995).

5.8. Manhas, B.S., Kalia, : *J. Indian Chem. Soc.,* 83, (2006) e Sardana, A.K.

6.   Chatan, Z.N., Praveen, : *Synth. React. Inorg. Metal, Org,* M. e Hoffar, A.G. *Chem.,* **28**, 1673, (1998).

7.   Fujita, J., Nakamota, K.: *J. Am. Chem. Soc.,* **78,** 3295, e Kobayash, M. (1956).

8.   Nakamota, K. : *"Infrared and Raman Specta of Inorganic and Co-ordination*

Compounds", **3rd ed**., Wiley Inter Science, New York, (1978).

9. Patel, S. : *"The Chemistry of Carbon Nitrogen Double Bond"*, *InterScience*, Londres, 181, (1970).

10. Kovacic, J.E. : *Spectrochim. Ata Part A,* **23,** 183, (1967).

11. SilversteinBassler: *Spectrometric Identification of* Morrill *Organ Compound,* **5th ed., John Wiley Sons Inc**. (1991). John Wiley and Sons Inc. (1991).

12. Douylas, A. e Skoog: *Principals of Instrumental Analysis*, 178 (1971).

13. Jakman, C.M. and : *Nuclear Magnetic Resonance* Sternhall, S. *Spectroscopy*, **2nd ed.,** Pergamon Press, Inc., (1969). Pergamon Press, Inc., (1969).

14. Chamberlain, N.F. :*Anal. Chem.,* **31**, 56 (1959).

15. Shaw, T.M. e :*J. Chem. Phys.,* **18**,1113 (1950). Elsken, R.H.

16. Robberls, J.D. :*Nuclear Magnetic Rasonace, Mcgraw, Company, Inc.,* (1959).

Quadro -1

FREQUÊNCIAS ESPECTRAIS DE ABSOPÇÃO INFRAVERMELHA (Cm[-1])
DO COBRE

COMPLEXO SÉSAMO-BENZOTIAZOL (cseB) E

ATRIBUIÇÕES

Atribuição	Frequências (Cm)[-1]
CH_3 e CH_2 , C-H Anti-sim. Alongamento	2930,7cm[-1]
CH_2 , C-H Estiramento simétrico	2859,4 cm[-1]
> C=O Stretchin	1749,4 cm[-1]
COO^- , C-O Alongamento anti-simétrico	1586,4 cm[-1]

	1423,5 cm^{-1}
COO$^-$, C-O simétrico	

(Continuação...)

Atribuição	Frequências (Cm')^1
Alongamento Cu - O	731,0 cm^{-1}
CH3, e CH$_2$ Rocking	1179,1 cm^{-1}
Ligação N-H	1617,0 cm^{-1}
C-N Streching (Arryl tetiary)	1321,6 cm^{-1}
Ar - C- CH$_3$ Alongamento	1097,6 cm^{-1}
C = S Alongamento	980,5 cm^{-1}
C-H Deformação (em plano) devido a Anel de benzeno	822,6 cm^{-1}

Tabela - II

DADOS ESPACIAIS DE RESSONÂNCIA MAGNÉTICA NUCLEAR PARA O COBRE

SÉSAMO - COMPLEXO DE BENZOTHIAZOL (CSeB)

Pico/Sinal	δ Valor
- CH$_3$ - CH$_2$ - R	0.9
- CH$_2$ - CH$_2$ - R	1.255
- CH2 - C - OC (= O) R	1.608
CH2 - C = C-	2.017
- C=C - CH2 - C = C-	2,708, 2,772 e 2,955
- C = C- H (protona vinílica)	5.287, 5343
- NH$_2$ (pico alargado)	4.142, 4.285 e 4.315
Tautómeros - NH$_2$ (sinal fraco)	7.844

Quadro -1

COMPOSIÇÃO EM ÁCIDOS GORDOS DO ÓLEO DE SÉSAMO UTILIZADO PARA

SÍNTESE DE SABÃO DE COBRE

Nome do óleo	% Ácidos gordos (número de carbono)					
	16:0	18:0	18:1	18:2	18:3	Outros ácidos
Óleo de sésamo	8	4	45	41	-	-

Tabela - II

DADOS ANALÍTICOS E FÍSICOS DO SABÃO DE COBRE (II)
OBTIDO A PARTIR DE ÓLEO DE SÉSAMO

Nome do sabão copper	Colo ur	Ponto de fusão (em⁰ C)	Rendimento %	Metal %		s.v.	S.E.	Média^e Mol. Wt.
				Fundo	Calculado			
CSe	Verde	100	85	10.05	9.81	191.70	292.64	646.78

Quadro - III

DADOS ANALÍTICOS E FÍSICOS DO COBRE-SÉSAMO
COMPLEXO DE BENZOTIAZÓIS DE SABÃO

Complexo	Cor	Derretimento Ponto (em ⁰C)	Rendimento %	Metal %		Média Mol. Wt.
				Encontrado	Calculado	
CSeB	Escuro Verde	90	86	9.16	8.98	810.78

ACTIVIDADE FUNGICIDA

Atualmente, os cientistas desenvolveram uma teoria metabólica e antagonista da ação dos medicamentos. Este campo levou à síntese de muitos compostos de coordenação, que têm sido utilizados para actividades antibacterianas e antituberculosas [12].

Berends etal[3] sintetizaram e avaliaram a atividade biológica de diferentes complexos de cobre com ligandos tridentados. Verificou-se que muitos dos complexos de cobre tiossemicarbozona têm actividades antituberculosas e fungicidas significativas [46]. Foi também estudada a utilização de sabão de cobre como conservante de madeira de alta resistência e muitas outras actividades biológicas de surfactantes contendo cobre metálico.

Existem várias marcas de diferentes compostos que contêm azoto e enxofre e que são amplamente utilizados como fungicida, sendo o mais importante o fungicida agrícola, que é amplamente utilizado na forma formulada como pós e pastas. Na literatura, encontram-se apenas dados limitados que descrevem a eficácia conservante do sabão de cobre ou de outros ácidos carbónicos[10].

São dados alguns exemplos que possuem compostos de benzotiazol ou indole ou um tipo semelhante de estrutura que contém átomos de azoto e enxofre no anel cíclico aromático.

A aplicação à superfície da planta hospedeira de substâncias que impedem a germinação dos esporos ou que matam os tubos germinativos antes que estes possam penetrar nos tecidos é um dos meios mais utilizados para atacar os agentes patogénicos das plantas. Um bom fungicida deve ser tóxico para o parasita e não para o hospedeiro. Deve ser razoavelmente fácil de preparar e não ser demasiado caro. Deve poder ser distribuído de forma homogénea pelas máquinas de pulverização ou de pulverização de pó. Deve ter boas propriedades de aderência, de forma a não ser facilmente removido da superfície do hospedeiro[11].

Os compostos e as misturas de enxofre e de cobre com cal continuam a ser, desde há muitos anos, o fungicida padrão que preenche os requisitos acima referidos, exceto para a desinfeção de sementes, em que são utilizados organo-mercuriais, formadores e outras substâncias para o efeito. Com a descoberta da calda bordalesa por Millardet, em França, no século passado, foi dada muita atenção ao estudo do modo de ação do fungicida sobre o agente patogénico. Muitos fungicidas conhecidos como "cobre insolúvel" foram colocados no mercado como substitutos da calda bordalesa.

No sul da Índia, a calda bordalesa é utilizada para o controlo da ferrugem do café, da queda anormal das folhas da borracha, da podridão dos frutos da areca, etc. Em todo o mundo, a calda bordalesa está a ser utilizada para pulverizar batatas (míldio precoce e tardio), videiras (míldio), bananas (doença do panamá) e vários vegetais, plantas ornamentais e frutos. A grande vantagem da calda bordalesa é que o seu depósito nas folhas actua como um protetor persistente que não é facilmente lavado pelas chuvas[13] .

O oxicloreto de cobre é um fungicida que tem sido desenvolvido com êxito como substituto da calda bordalesa. O míldio do chá, a ferrugem do café, o míldio da vinha, o míldio tardio da batata e a mancha foliar das bananas e do tabaco foram eficazmente controlados por aplicações deste material[14] .

O enxofre puro e os compostos de enxofre (enxofre de cal) têm sido utilizados para o tratamento de oídio e ferrugem. É bem conhecido que as propriedades fungicidas do enxofre são melhoradas pela redução do tamanho das partículas do pó (geralmente 400 malhas por polegada quadrada). Existem também formulações de enxofre miscíveis em água (enxofre molhável) que são utilizadas por pulverização. O enxofre em pó é utilizado para pulverizar as culturas contra a ferrugem e o oídio e para o tratamento de sementes de sorgo contra a sarna dos cereais[15] . Após a Primeira Guerra Mundial, começaram a ser utilizados vários compostos organo-mercúrio, especialmente para o tratamento de sementes. Os organo-mercuriais utilizados como fungicidas são compostos de etilmercúrio. São utilizados como poeiras ou formulações miscíveis em água venenosas para os seres humanos, pelo que o consumo das partes tratadas como alimentos só deve ser efectuado após lavagem cuidadosa do material[16] .

Todos os estudos acima referidos sugerem que o cobre metálico desempenha um papel significativo nas actividades fungicidas. As actividades antifúngicas do sabão de cobre derivado do óleo de sésamo e do seu complexo de benzotiazol foram avaliadas através de testes contra vários fungos *Aspergillus niger* e *Aspergillus fumigatus* em diferentes concentrações pela técnica da placa de ágar e pelo método de diluição em série. Os pormenores destes estudos foram descritos nas rubricas seguintes:

1. **EXPERIMENTAL**

2. **RESULTADOS E DISCUSSÃO**

EXPERIMENTAL

TESTES ANTIFÚNGICOS

As técnicas laboratoriais gerais seguidas no decurso do presente inquérito são as sugeridas por Booth e Hawks Worth[17].

ESTERILIZAÇÃO DE OBJECTOS DE VIDRO

O material de vidro utilizado no presente estudo era da marca Pyrex. O material de vidro, nomeadamente tubos de ensaio, frascos, pipetas (micro e macro), estradas de vidro e placas de Petri, foi cuidadosamente lavado após enxaguamento com ácido crómico antes de cada amostragem. As placas de Petri e outros objectos de vidro foram então esterilizados em estufa de ar quente a 160° C durante 24 horas antes de serem utilizados.

INOCULAÇÃO

A transferência do agente patogénico para o meio de cultura é conhecida como inoculação. Esta última é a técnica mais fundamental para estudar as caraterísticas de crescimento do microrganismo e para a transferência e manutenção da cultura em condições assépticas. Todas as operações relativas à inoculação devem ser efectuadas numa câmara completamente esterilizada. Deve ser utilizada uma câmara de inoculação equipada com um tubo de raios ultravioleta (UV). As mãos devem ser limpas com sabão de casa de banho e depois esterilizadas com álcool rectificado. Todos os instrumentos e objectos de vidro, etc., devem ser completamente esterilizados. Devem ser tomadas todas as precauções para evitar qualquer tipo de contaminação[18].

PROCEDIMENTO

O tubo que contém os inóculos e o tubo que contém a lâmina de ágar são segurados na mão esquerda e a agulha de inoculação 100p/ na mão direita. Os tubos devem estar quase paralelos ao chão para evitar contaminação. Ambos os tubos são abertos removendo o tampão de algodão com os dedos da mão direita e a boca aberta dos tubos é esterilizada passando duas vezes pela chama.

PREPARAÇÃO DA INCLINAÇÃO

Prepara-se uma placa de ágar para inocular a cultura microbiana. Para preparar a placa de ágar, é retirado um número necessário de tubos de cultura e vertido em cada um deles cerca de 12 a 15 ml de complexo em meio de ágar liquefeito. Os tubos são tapados com algodão novo e esterilizados numa auto-clave. Depois de terminada a esterilização, os tubos são retirados e colocados em posição de inclinação para que, por vezes, os tubos sejam retirados e o meio neles contido seja solidificado, resultando numa superfície desleixada.

PREPARAÇÃO DE SOLUÇÕES DE AMOSTRA

O sabão de cobre de sésamo e o seu complexo de benzotiazol derivado do óleo de sésamo foram testados quanto à sua atividade antifúngica. O sabão/complexo foi pesado num balão padrão e a solução contendo diferentes concentrações (10^2, 10^3, 10^4) ppm de sabão e complexo em solvente não polar (benzeno) de composições variáveis foi preparada.

PREPARAÇÃO DE MEIOS DE CULTURA

O meio de cultura utilizado para o crescimento do organismo no presente estudo foi um meio natural, ou seja, P.D.A[19].

(i) Batatas - 200 g (ii) Dextrose - 20 g

(iii) Ágar - 20 gm   (iv) Água destilada - 1000 ml

pH - 6,0 a 6,5

PROCEDIMENTO

200 g de batatas foram limpas, cortadas em pedaços e fervidas em cerca de 1000 ml de água da torneira durante 2 horas. Em seguida, o conteúdo foi coado com um pano de musselina. A este extrato, adicionaram-se 20 g de ágar e 20 g de dextrose e completou-se o volume até 1000 ml, em frascos graduados, antes de esterilizar o meio.

ORGANISMO DE TESTE

Os organismos de teste utilizados no presente estudo são:

(i)   Aspergillus niger.

(ii)   Aspergillus fumigatus.

Estes organismos foram isolados do seu habitat natural e depois purificados, caracterizados e identificados.

O caldo Inoccoulum *I* foi preparado pelo método de diluição em série.

MÉTODO DE DILUIÇÃO EM SÉRIE

As diluições em série são normalmente efectuadas em incrementos de 10^3 , 10^2 ou 10. A concentração do produto determina o grau de diluição necessário e o número de diluições necessárias. O volume total de solução necessário também é importante, pois nesse caso é necessário um maior número de diluições. Esta técnica envolve a remoção de uma pequena quantidade de uma solução original para outro recipiente, que é então levado até ao volume original utilizando o tampão ou a água necessários[20] .

DILUIÇÃO EM SÉRIE DA AMOSTRA

Se pegarmos em 1 ml da amostra original e a adicionarmos a 9 ml de água esterilizada, obteremos uma diluição de 1:10 ou 10:1 da amostra original, ou seja, a amostra original foi diluída até 1/10, de forma semelhante, podemos preparar diluições de 1:100, 1:1000, 1:10000 e assim por diante da amostra original[21] .

TESTES FUNGICIDAS

A atividade antifúngica do sabão de sésamo de cobre sintetizado e do seu complexo de benzotiazina foi avaliada através de testes contra *Aspergillus niger* e *Aspergillus fumigatus* a 10^2 , 10^3 e 10^4 ppm utilizando 1ml e 4ml destas soluções através da técnica de placa de ágar[22] . A amostra foi transferida aspectualmente para placas de Petri estéreis. Nestas placas de Petri, foram vertidos 20 ml de meio de P.D.A. e misturados com a solução da amostra, rodando as placas de Petri no sentido dos ponteiros do relógio e no sentido contrário ao dos ponteiros do relógio, e deixou-se solidificar para evaporar o solvente; as placas de Petri foram mantidas a 60° C durante 2 horas.

Após a solidificação dos meios acima referidos e a evaporação do solvente, 1 ml de diluição de caldo 10^4 foi transferido aspectualmente para as placas de Petri e espalhado. As placas de Petri foram embrulhadas em folhas de polietileno e colocadas na incubadora a 30° C. A percentagem de inibição é calculada pela seguinte equação:

$$\% \text{ inhibition} = \frac{C - T}{C} \times 100$$

Onde :

C - Área total da colónia fúngica nas placas de controlo após 48 horas.

T - Área total da colónia fúngica nas placas de ensaio após 48 horas.

RESULTADOS E DISCUSSÃO

As actividades antifúngicas do sabão de cobre de sésamo e do seu complexo de benzotiazóis foram avaliadas através de testes contra *Aspergillus niger* e *Aspergillus fumigatus* em diferentes concentrações pela técnica de placa de ágar[22] . Os resultados dos dados do rastreio fungicida

são registados nos (Quadros I, II, III e IV). Uma leitura dos (Quadros I e IV) revela que o complexo de benzotiazol de cobre-sésamo apresenta uma atividade mais elevada do que o sabão de cobre-sésamo. A sua inibição é também observada nas fotografias (Fig. - 2, 3 e 4) para o sabão e (Fig. - 5, 6 e 7) para o complexo benzotiazole para o fungo *Aspergillus niger,* o que sugere que o complexo é um agente antifúngico mais potente e que o benzotiazole e outros compostos contendo azoto, oxigénio, enxofre, etc. são capazes de melhorar o desempenho do sabão de sésamo de cobre.

Os compostos orgânicos que contêm o grupo amino desempenham um papel importante na biologia, uma vez que constituem a unidade de repetição das micromoléculas polipeptídicas[23] . A partir da (Tabela - I, II e IV) é evidente que todo o sabão de cobre de sésamo e o seu complexo de benzotiazol têm uma fungitoxicidade significativa a IO^4 ppm mas a sua toxicidade diminui rapidamente com a diluição (a IO^2 ppm).

A sua ordem comparativa poderia ser a seguinte: $10^4 > 10^3 > 10^2$ ppm.

(Fig. I, II, III, IV). É evidente que a eficácia aumenta com o aumento da concentração. Além disso, ao aumentar a quantidade de solução em placas de perti de 1 ml para 4 ml, a % de inibição é afetada pelo aumento da concentração da parte fungicida ativa no sistema analisado. Estes resultados mostram que o complexo sabão de cobre-sésamo - benzotiazol é muito mais tóxico do que o sabão de cobre-sésamo (CSeB>CSe).

A maior atividade do complexo recentemente sintetizado, em comparação com o sabão de cobre e sésamo, pode possivelmente ser explicada com base na formação de quelatos, na presença de átomos doadores, na basicidade, bem como na compatibilidade estrutural com a natureza molecular da parte tóxica. O aumento da atividade biológica do complexo está de acordo com a teoria da quelação.

Em conclusão geral, o aparecimento de uma atividade melhorada pode dever-se a um mecanismo sinérgico, ou seja, os ligandos livres são activos mas, na complexação, mostram mais atividade em combinação com o complexo de cobre-sésamo - benzotiazol. Os estudos sugerem que os iões de cobre no sabão podem ser responsáveis pelo aumento da atividade contra os fungos. A avaliação dos estudos antifúngicos revelou ainda que a fungitoxicidade do complexo também depende da natureza dos iões metálicos[25] .

Alguns estudos recentes sobre as actividades antimicrobianas de complexos sintetizados precocemente que possuem moléculas de tiazolil ou imidazol também apoiam os nossos estudos[26] . Da comparação do resultado para ambos os fungos, verifica-se que o sabão de cobre de sésamo e o seu complexo de benzotiazol seguem a ordem.

Aspergillus niger > Aspergillus fumigatus

Os dados indicam claramente que o poder de inibição do sabão aumentou com a complexação. Todos estes estudos desempenharão um papel significativo na seleção e pré-motorização de agroquímicos ecológicos e biodegradáveis.

REFERÊNCIAS

1. Desjardin D.E., Oliveira : *"Fungi Bioluminescenic* A.G. and stevani C.V. *Revisited"*, 170-82, (2008).

2. Ojha K.G., Jaisinghani N., :*J. Indian Chem. Soc.*, **79,** e Tahiliani H. 191 (2002).

3. Berends H.P. e :*Inory. Chim. Ata,* **93**, 173, stephen D.W. (1984).

4. Srivastava V., Pathak R.B. :*J. Indian Chem. Soc.*, **58,** e Bahel S.C. 822 (1981).

5. Bushnell G.W. e Tasang :*Can. J. Chem.*, **57**, 605, A.Y.M. (1979)

6. Valli G., Sivakalunthu S., :*J. Indian chem. soc.*, **77**, 252 Muthusubramaniam S. e253, (2000). Sivasubramanian S.

7. Malik A.K., Kaul K.N., : *Citação bibliográfica* Hark B.S., e Rao A.L.J. *Pesticide science*, Inia 53:1, 104-106, (1998).

8. Mukherjee G.N. e :*J. Indian chem. soc.*, **77**, 78 Das A.   (2001).

9. Reddy K.N., Reddy P.S., :*Transition Met. Chemi.*, **28**, e Bohu P.R. 154,

(2000).

10. ThirumalaiKumarM., :*Boll chem. form,* **138**, 207 Sivakolunthu S., Muthu- (1999). subramaniom, e sivasubramaniom S.

11. Moore R. T. : *"Toxonomic Proposals for the classification of marine yeasts and other yeast",* Botanica marine **23:3**, 36173, (1980).

12. BrunsT. : *"Evolutionary Biology :* a kingdom revised Nature, **443**:758-61, (2006).

13. Hibbettetal : *O sistema de classificação apresentado no estudo filogenético",* (2007).

14. Shoji J.Y., Arioka M., : *"Possible Involvement of* Kitamoto K. *Pleiomorphic vacuolar networks in nutrient recycling in filamentous fungi",* (2006).

15. Filov V.A., Bandman A.L. : *"Harmful Chemical* and Ivin B.A. *Substances",* X (1988).

16. ZeylC.: *Estudos experimentais sobre a polidia e a evolução da levedura"* (2004).

17. Hawks Worth O.C. : *Myclogists Hand Book An Introduction to the Principal of Taxonomy and Nomenclature in the fungi and Lichens,* C.M. 1 Kew, England, (1979).

18. Pandey, B.P. : *Plant Pathology,* **137**, (2001).

19. Price F.M. e Sanford K.E. : *"Tissue Culture Asso. Manual.,* **2**, 379, (1976).

20. Booth, C et.al : *Extremophiles Methods in Microbiology* **35**, Academic Press 543 (2006).

21. Aneja K.R. : *Experiments in Microbiology,* Plant Pathalogy and Biotechnology, New Age Publishers, 69 (2005).

22. Mehta V.P., Talesara P.R. : *J. Indian Chem.,* **39A,** 383 e Sharma R. (2001).

23. Villa-Elizoga J. Sarricolea : *Bibliographic Citation,* 8th M.L. and Lopez J. International Symposium on Trace Elements in Man and Animals, Span, **23,** 558-561, (1993).

24. Bhignolikar V.E., Ingle V.S. : *J. Indian Chem. Soc.,* **79,** Dengle R.V., Bondge S.P. (2002). Mane R.A.

25. Srivastava R.S. : *Inorg. Chem., Ata.,* **151**, 285, (1988).

26. Zabriskie T.M. e Jackson : *"Lysine Biosynthesis and* M.D. *metabolism in fungi",* Natural Product Reports, **17** 1, (2000).

Quadro - I

ACTIVIDADE ANTIFUNGAL DO SABÃO DE COBRE - SÉSAMO PARA FUNGOS *Aspergillus niger*

Nome do composto	Média da % de inibição após 48 horas					
Cobre Sésamo Sabão (CSe)	Concentração em ppm					
	10^2 ppm		10^3 ppm		10^4 ppm	
	1 ml	4 ml	1 ml	4 ml	1 ml	4 ml
	69.29 %	77.99 %	84.48 %	88.O5 %	9O.21 %	93.86 %

Quadro - II

ACTIVIDADE ANTIFUNGAL DO COMPLEXO BENZOTIAS DO SABÃO DE SÉSAMO DE COBRE PARA FUNGOS *Aspergillus niger*

Nome do composto	Para Aspergillus niger
Cobre - Sabão de Sésamo	Média da % de inibição após 48 horas
	Concentração em ppm

Complexo de benzotiazos (CSeB)	10^2 ppm		10^3 ppm		10^4 ppm	
	1 ml	4 ml	1 ml	4 ml	1 ml	4 ml
	70.59 %	80.61 %	87.34 %	90.58 %	93.69 %	96.70 %

Quadro - III

ACTIVIDADE ANTIFUNGAL DO SABÃO DE SÉSAMO DE COBRE PARA FUNGOS *Aspergillus fumigatus*

Nome do composto	Média da % de inibição após 48 horas					
Cobre Sésamo Sabão (CSe)	Concentração em ppm					
	10^2 ppm		10^3 ppm		10^4 ppm	
	1 ml	4 ml	1 ml	4 ml	1 ml	4 ml
	11.27%	22.24%	33.46%	48.80%	57.70%	65.40%

Tabela - IV

ACTIVIDADE ANTIFUNGAL DO SABÃO DE SESAME DE COBRE E DO COMPLEXO DE BENZOTIAZOL PARA FUNGOS *Aspergillus fumigatus*

Nome do composto	Média da % de inibição após 48 horas					
Cobre - Sésamo Complexo de sabão benzotiazole (CSeB)	Concentração em ppm					
	10^2 ppm		10^3 ppm		10^4 ppm	
	1 ml	4 ml	1 ml	4 ml	1 ml	4 ml
	18.98%	30.02%	40.48%	49.04%	58.23%	70.14%

RESUMO

Devido à utilidade industrial comprovada do sabão de cobre de sésamo e do seu complexo de benzotiazol em solventes não polares, ganharam uma popularidade considerável, devido à sua imensa utilização e aplicações generalizadas, tais como a preservação da madeira, a formação de espuma, a molhagem, os biocidas, as lubrificações de emulsificação, etc.

As aplicações acima referidas estimularam o nosso interesse por investigações sintéticas de ligandos, complexos destes ligandos com surfactantes de metais de transição são muito importantes em vários domínios. No presente trabalho, foi feita a síntese de sabão de cobre com óleo de sésamo (que é económico e facilmente disponível no mercado indiano), foi feita a complexação do sabão de cobre de sésamo com ligandos contendo azoto e enxofre, que são cromogénicos e estes fundamentos, o presente trabalho tratará da síntese, estudos espectrais e atividade fungicida do sabão de cobre de sésamo e do seu complexo de benzotiazol em solvente não aquoso.

As conclusões alcançadas e o destaque dos resultados são brevemente discutidos em diferentes capítulos, como se segue

CAPÍTULO -1

Todos os produtos químicos utilizados eram de grau I.R./A.R. O sabão de cobre foi preparado utilizando a metatese direta. O sabão de cobre de sésamo foi preparado por refluxo do óleo de sésamo com uma solução de KOH 2N de solução de sulfato de cobre e álcool durante cerca de três horas. O excesso de KOH foi neutralizado com HCl IN. Em seguida, adicionou-se uma solução saturada de sulfato de cobre para converter o sabão neutralizado em sabão de cobre. O sabão de cobre e sésamo foi filtrado, lavado com água morna seguida de álcool, seco a 5O° C e recristalizado com benzeno quente.

O sabão de cobre e sésamo purificado foi refluxado com benzotiazol numa proporção de 1:1. Adicionou-se uma solução de O.O1 mol de 2-amino-6-metil benzotiazol em 25-3O ml de etanol, O.O1 mol de sabão de cobre em 25 ml de ehanol, com agitação constante. A mistura reacional continuou a ser agitada e aquecida durante mais uma hora e meia e deixada em repouso durante a noite. O complexo sólido separado foi filtrado e lavado sucessivamente com 5 ml de etanol seco e, em seguida, com éter e, finalmente, seco no vácuo sobre cloreto de cálcio fundido. A amostra seca foi purificada e recristalizada a partir de benzeno quente. Este complexo é bastante estável à temperatura ambiente.

A formação do sabão e do seu complexo benzotiazol foi confirmada por estudos espectrais de IR e NMR. O trabalho descrito no Capítulo - II envolve a análise espetral do complexo de cobre-sésamo benzotiazol.

CAPÍTULO - II

As bandas de absorção observadas a 2930 cm^{-1} e 2859 cm^{-1} correspondem ao estiramento assimétrico e simétrico do grupo metileno ($-CH_2$) no complexo de benzotiazol de sésamo de cobre. A banda de absorção forte a 1586 cm^{-1} e outra banda mais fraca a 1423 cm^{-1} são devidas ao estiramento assimétrico e simétrico do ião carboxilato COO^- , C-O, respetivamente.

A banda na região 750-450 cm^{-1} nos espectros de infravermelhos deve-se à vibração de estiramento da banda cobre-metal-oxigénio. Estas bandas são designadas por absorção caraterística do metal constituinte da molécula de sabão. Foi observada uma banda larga a 1617 cm^{-1} que corresponde à flexão N-H das amidas. O pico de estiramento C-N do terciário de arilo é observado a 1321 cm^{-1} . As bandas de absorção acima mencionadas são comuns ao sabão de cobre e sésamo.

Os estudos espectrais de RMN de protões[1] H foram efectuados em $CDCl_3$ (clorofórmio desnaturado) e confirmam os resultados obtidos nos estudos de IV. Os espectros do complexo de cobre e sabão de sésamo mostram sinais de alifáticos - o protão CH_3 ligado ao grupo CH_2 -R mostra um sinal a δ-0,879. - O protão CH_2 ligado ao grupo CH_2 -R apresenta um sinal a δ-1,608, indicando a presença do segmento de sabão na molécula do complexo. O pico alargado é observado a δ- 4,142. δ-4,285 e δ-4,315 correspondentes ao protão - NH_2 . Este pico indica a coordenação através do grupo - NH_2 do segmento de benzotiazol com o átomo metálico do segmento de sabão.

Assim, concluiu-se que a complexação do benzotiazol foi efectuada com sucesso. Com base nos estudos espectrais acima referidos, o complexo foi designado na composição Cu_2 (RCOO) L_{42} e sugeriu-se uma estequiometria do ligando metálico do tipo 1:1. A estrutura do complexo é apresentada no (Capítulo II, Fig. I).

CAPÍTULO - III

O rastreio da fungitoxicidade do sabão de cobre (II) de sésamo e do seu complexo de benzotiazol foi realizado contra os fungos fitopatogénicos. *Aspergillus niger* e *Aspergillus fumigatus*, realizados pelo método de diluição em série e pela técnica de placa de ágar.

A solução-mãe dos compostos foi preparada dissolvendo os compostos em benzeno a diferentes concentrações (10^2 , IO^3 e IO^4 ppm). O efeito do solvente foi excluído por evaporação completa. A percentagem da zona de inibição em torno de cada placa foi medida após 48 horas. A % de inibição é calculada pela seguinte equação.

$$\% \text{ inhibition} = \frac{C - T}{C} \times 100$$

Onde :

C - Área total da colónia fúngica nas placas de controlo após 48 horas.

T - Área total da colónia fúngica nas placas de ensaio após 48 horas.

A tendência geral observada para as concentrações 10^2 ppm, 10^3 ppm e 10^4 indica que a atividade fungicida do complexo é superior à observada para o sabão. Estes resultados também sugerem que a % de inibição aumenta com a complexação do sabão, uma vez que os átomos doadores de electrões de azoto e enxofre são incluídos nas moléculas de sabão após a complexação.

Além disso, para o sabão de cobre de sésamo e o seu complexo de benzotiazol estudados, observa-se que a % de inibição aumenta com o aumento da quantidade de solução na placa de Petri de 1 ml para 4 ml. Também se observou que a atividade aumenta com o aumento da concentração da solução de 10^2 ppm, 10^3 ppm para 10^4

ppm.

$$10^2 \text{ ppm} < 10^3 \text{ ppm} < 10^4 \text{ ppm}$$

Foi sugerido que o complexo agroquímico de benzotiazol do sabão de sésamo de cobre apresenta uma atividade mais elevada do que o sabão de sésamo de cobre, sugerindo que o complexo é um agente antifúngico mais potente (Fig. 2, 3, 4, 5, 6 e 7). A atividade (inibição do crescimento) também aumenta com o aumento da concentração de sabão de sésamo de cobre.

A partir da comparação entre o sabão de cobre e sésamo e o seu complexo de benzotiazol, pode demonstrar-se que o CSe é o menos tóxico para os fungos (% de inibição mais baixa), enquanto o CSeB é o mais tóxico para todos os fungos. A toxicidade do sabão de cobre-sésamo e do seu complexo de benzotiazol encontra-se nesta ordem:

CSeB > CSe

Todos os estudos acima referidos levaram à conclusão de que o sabão de cobre derivado do óleo comestível de sésamo e do seu complexo benzotiazol, devido à sua natureza tóxica e biodegradável, tem muitas actividades fungicidas, herbicidas e muitas outras actividades biológicas. A atividade espetral e biológica desempenhará um papel significativo na sua aplicação em vários domínios da indústria, agroquímico, farmacêutico, pesticidas, preservação da madeira, herbicida, etc.

I want morebooks!

Buy your books fast and straightforward online - at one of world's fastest growing online book stores! Environmentally sound due to Print-on-Demand technologies.

Buy your books online at
www.morebooks.shop

Compre os seus livros mais rápido e diretamente na internet, em uma das livrarias on-line com o maior crescimento no mundo! Produção que protege o meio ambiente através das tecnologias de impressão sob demanda.

Compre os seus livros on-line em
www.morebooks.shop

Printed by Books on Demand GmbH, Norderstedt / Germany